TRAITÉ ÉLÉMENTAIRE

DE

GÉOMÉTRIE DESCRIPTIVE

PAR

EUGÈNE CATALAN

ANCIEN ÉLÈVE DE L'ÉCOLE POLYTECHNIQUE, DOCTEUR ÈS SCIENCES,
AGRÉGÉ DE L'UNIVERSITÉ, MEMBRE DE LA SOCIÉTÉ PHILOMATIQUE, CORRESPONDANT
DES ACADÉMIES DES SCIENCES DE TOULOUSE, LILLE, LIÉGE,
ET DE LA SOCIÉTÉ D'AGRICULTURE DE LA MARNE.

TROISIÈME ÉDITION, REVUE ET AUGMENTÉE.

ATLAS

PARIS

DUNOD, ÉDITEUR

SUCCESSEUR DE VICTOR DALMONT,

Précédemment Carilian-Gœury et Vᵉ Dalmont,

LIBRAIRE DES CORPS IMPÉRIAUX DES PONTS ET CHAUSSÉES ET DES MINES,

Quai des Augustins, 49.

1865

TRAITÉ ÉLÉMENTAIRE

DE

GÉOMÉTRIE DESCRIPTIVE

PREMIÈRE PARTIE

TYPOGRAPHIE HENNUYER, RUE DU BOULEVARD, 7. BATIGNOLLES.
Boulevard extérieur de Paris.

TRAITÉ ÉLÉMENTAIRE

DE

GÉOMÉTRIE DESCRIPTIVE

PAR

EUGÈNE CATALAN

ANCIEN ÉLÈVE DE L'ÉCOLE POLYTECHNIQUE,
EX-RÉPÉTITEUR DE GÉOMÉTRIE DESCRIPTIVE A CETTE ÉCOLE,
DOCTEUR ÈS SCIENCES, AGRÉGÉ DE L'UNIVERSITÉ,
EX-PROFESSEUR DE MATHÉMATIQUES SUPÉRIEURES AU LYCÉE SAINT-LOUIS,
MEMBRE DE LA SOCIÉTÉ PHILOMATIQUE,
CORRESPONDANT DES ACADÉMIES DES SCIENCES DE TOULOUSE, LILLE, LIÉGE,
ET DE LA SOCIÉTÉ D'AGRICULTURE DE LA MARNE.

PREMIÈRE PARTIE.

DU POINT, DE LA DROITE ET DU PLAN.

ATLAS

PARIS

VICTOR DALMONT, ÉDITEUR,

Successeur de Carilian-Gœury et V^{or} Dalmont,

LIBRAIRE DES CORPS IMPÉRIAUX DES PONTS ET CHAUSSÉES ET DES MINES,
Quai des Augustins, 49.

1857

1864

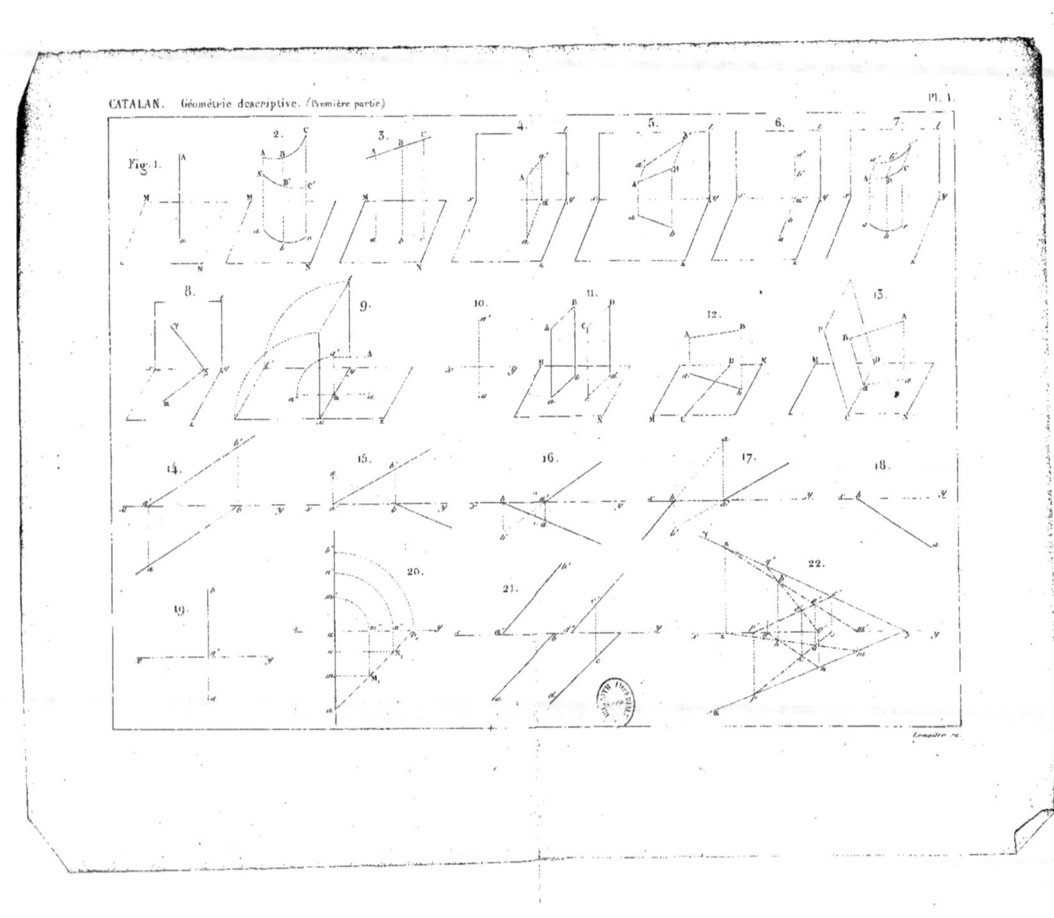
Fig. 1.
2.
3.
4.
5.
6.
7.
8.
9.
10.
11.
12.
13.
14.
15.
16.
17.
18.
19.
20.
21.
22.

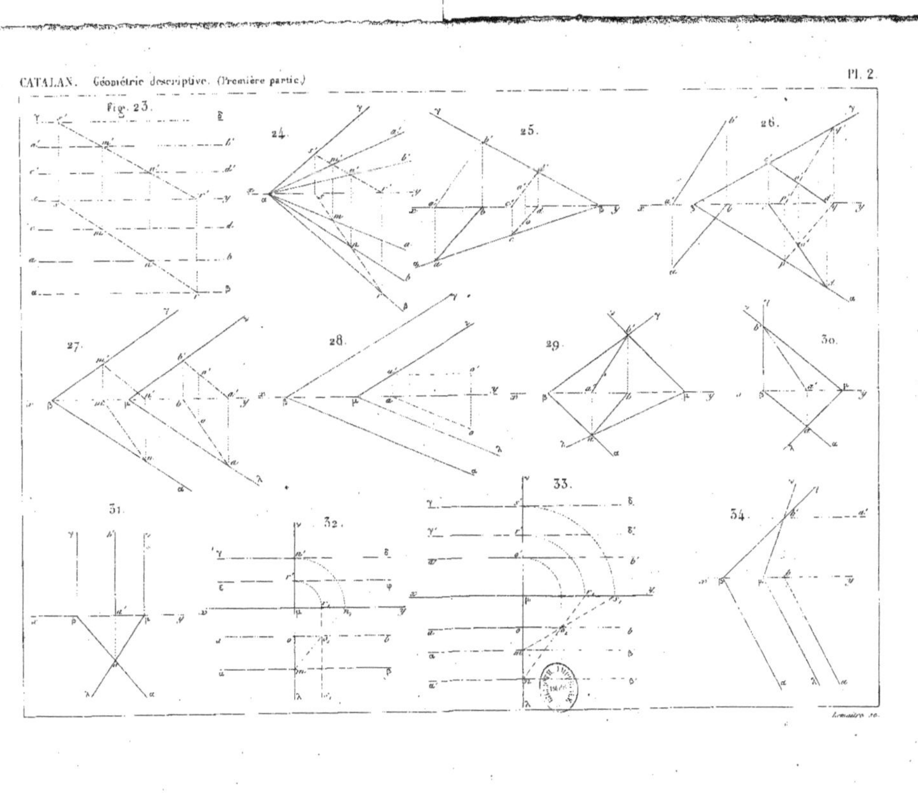

Fig. 23.
24.
25.
26.
27.
28.
29.
30.
31.
32.
33.
34.

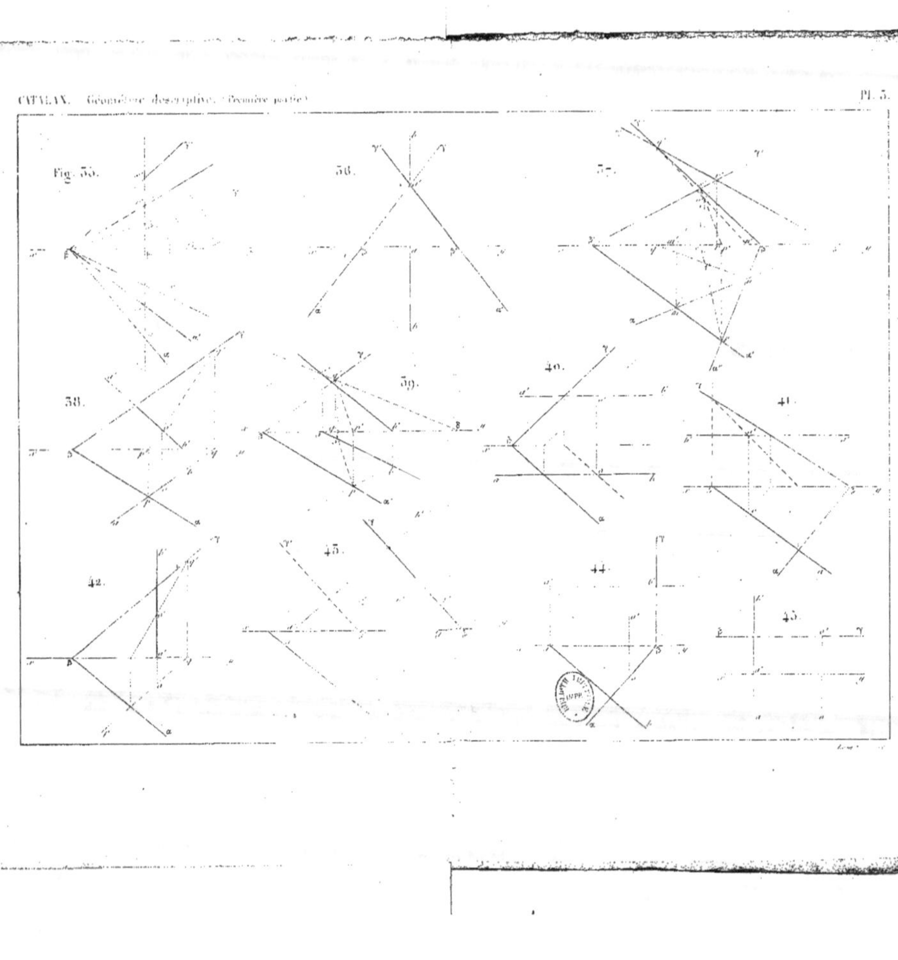
Fig. 55.
56.
57.
58.
59.
40.
41.
42.
45.
44.
45.

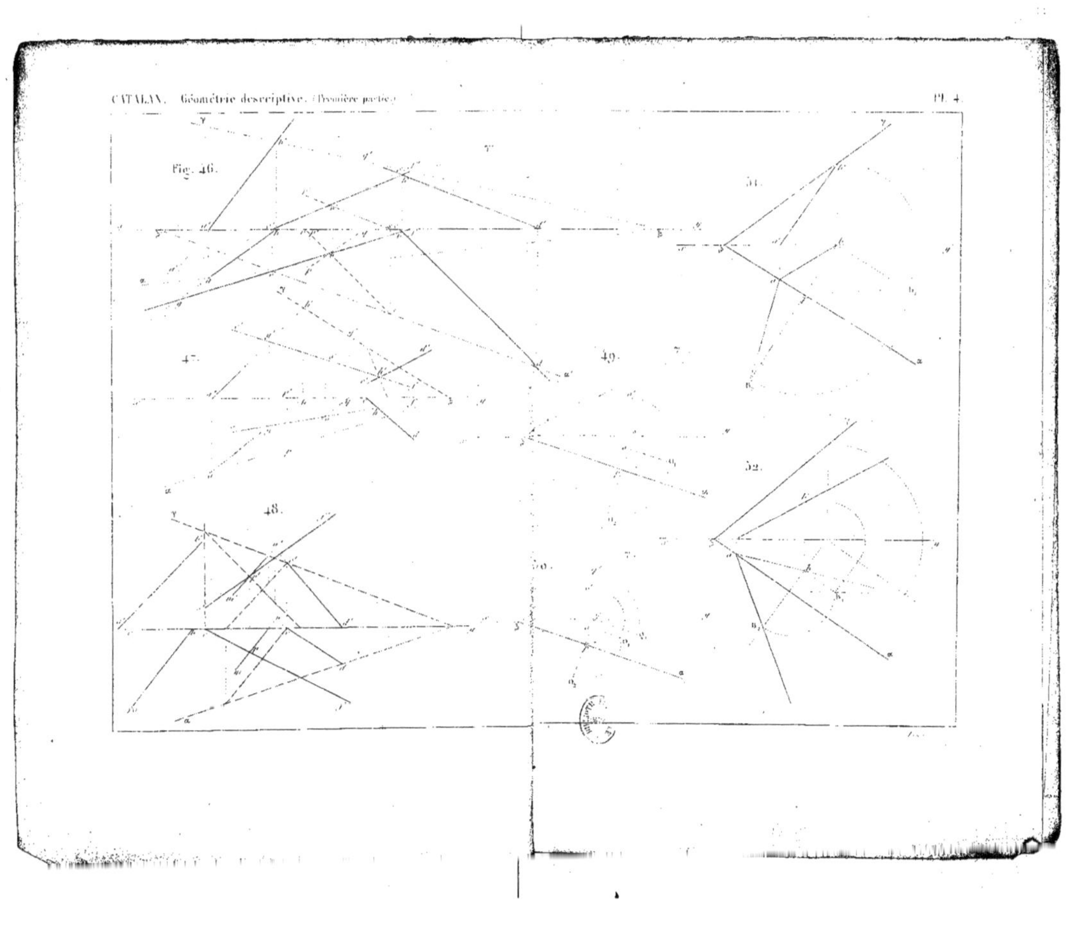

Fig. 46.
47.
48.
49.
50.
51.
52.

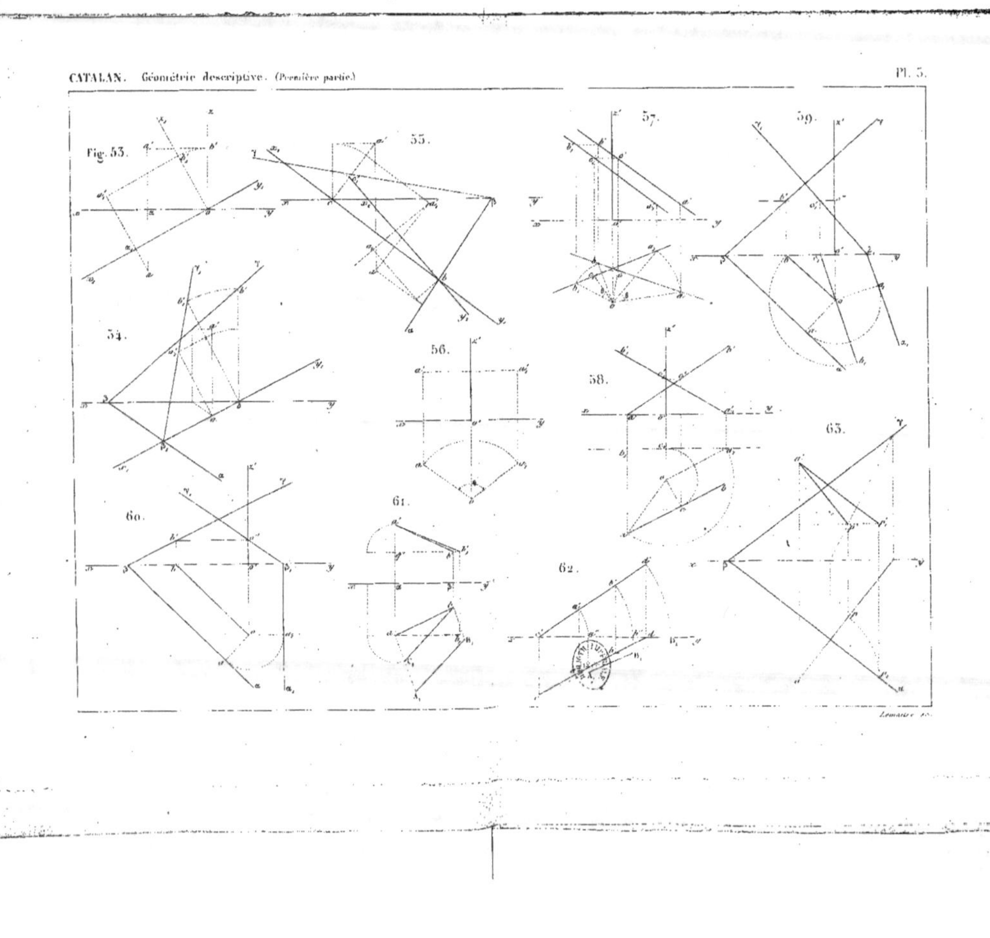
Fig. 53.
54.
55.
56.
57.
58.
59.
60.
61.
62.
63.

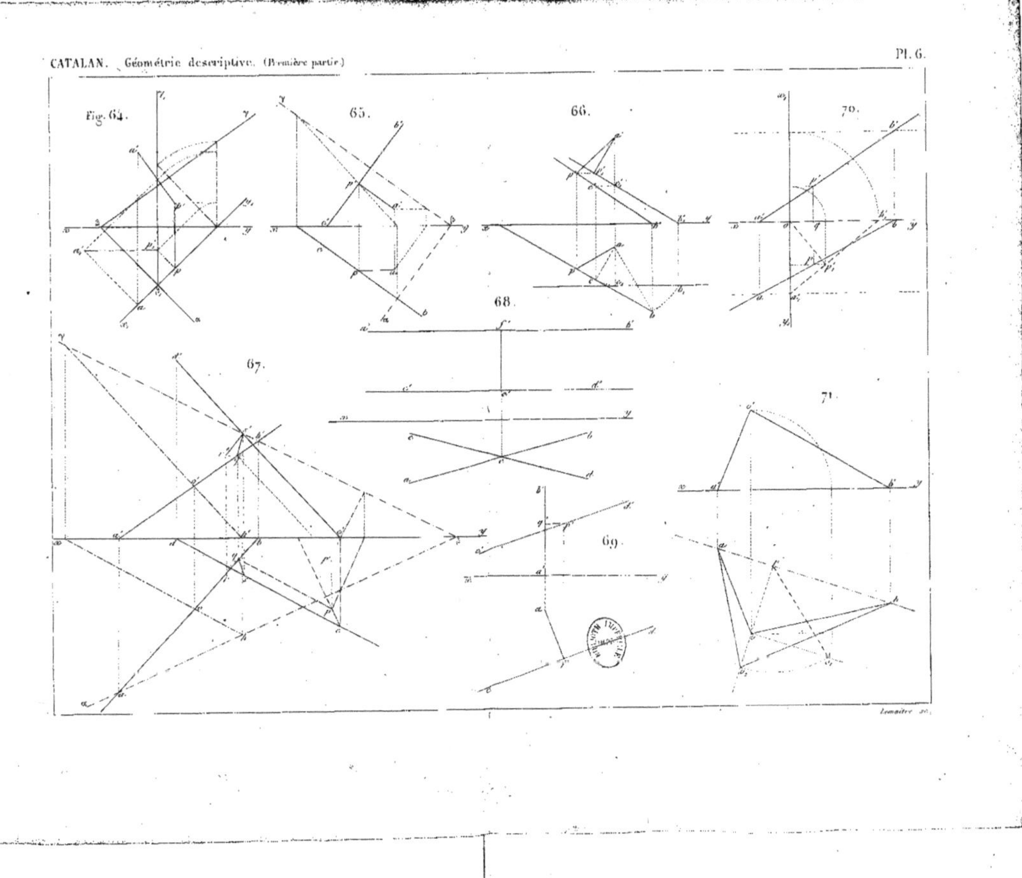
Fig. 64.
65.
66.
70.
68.
67.
71.
69.
Lemaître sc.

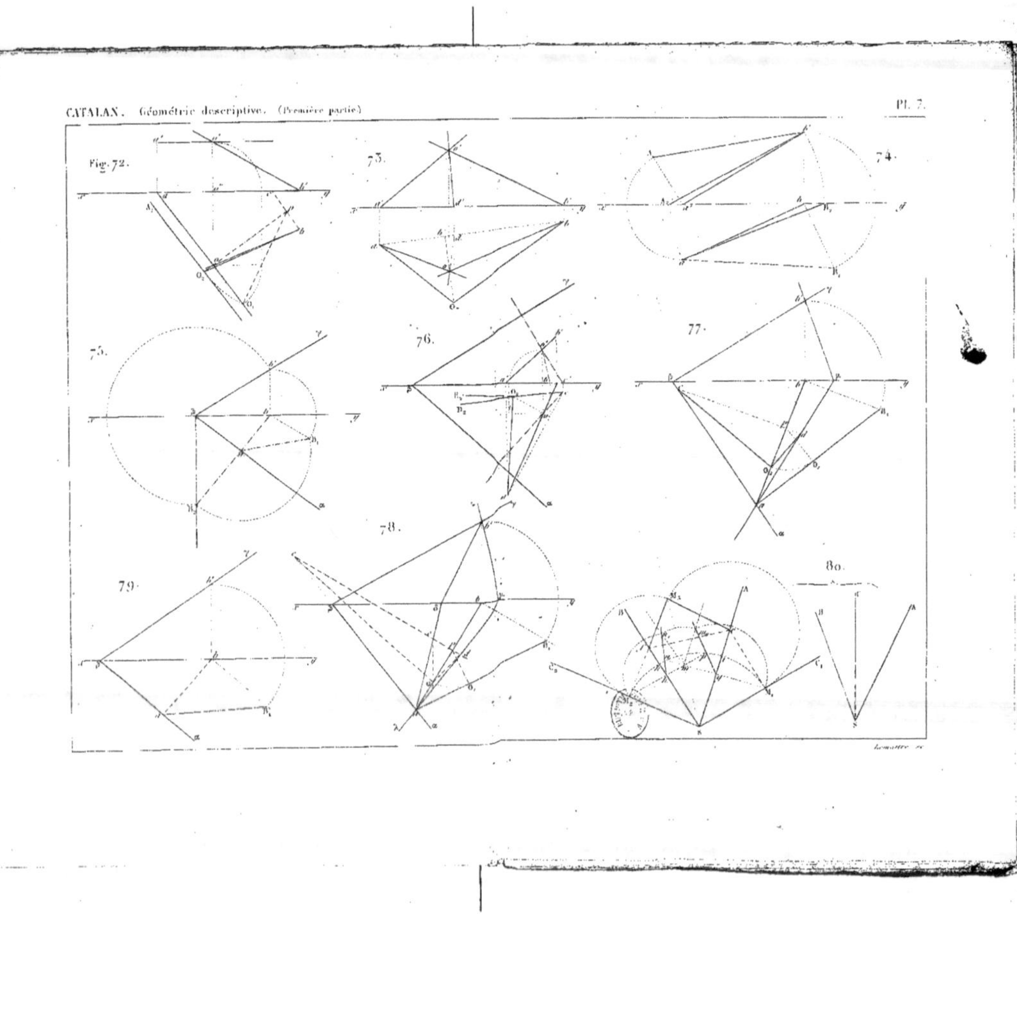
Fig. 72.
73.
74.
75.
76.
77.
78.
79.
80.

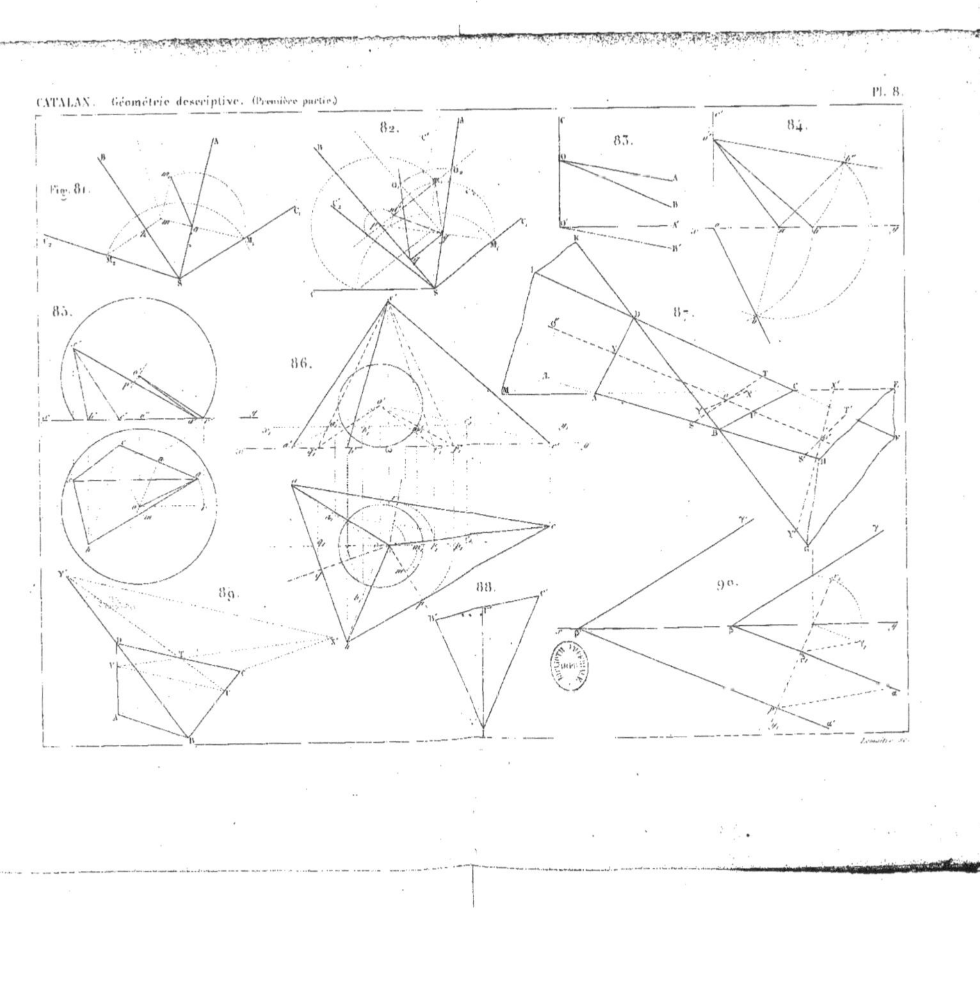

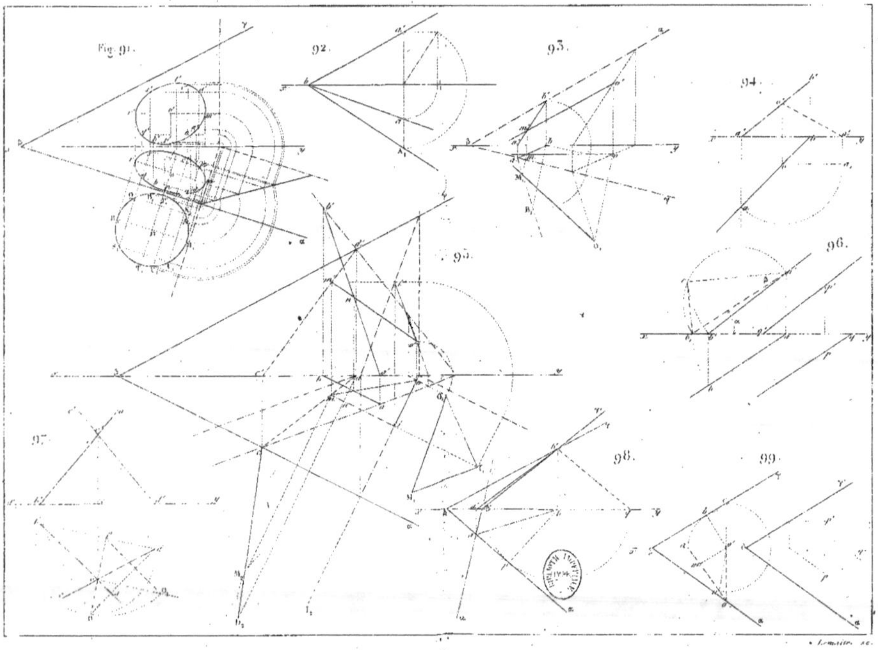

Fig. 91. 92. 93. 94. 95. 96. 97. 98. 99.

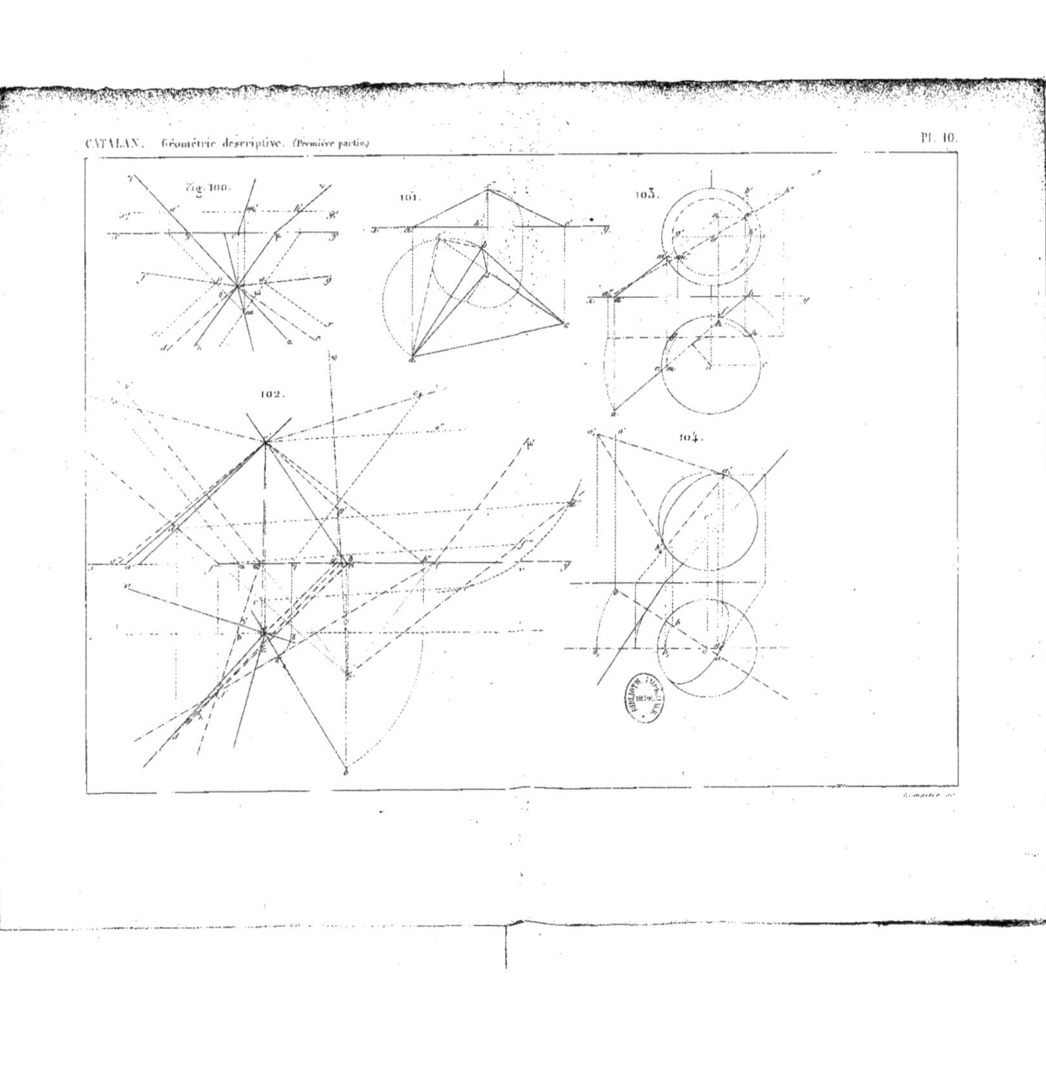

Fig. 100.
101.
103.
102.
104.

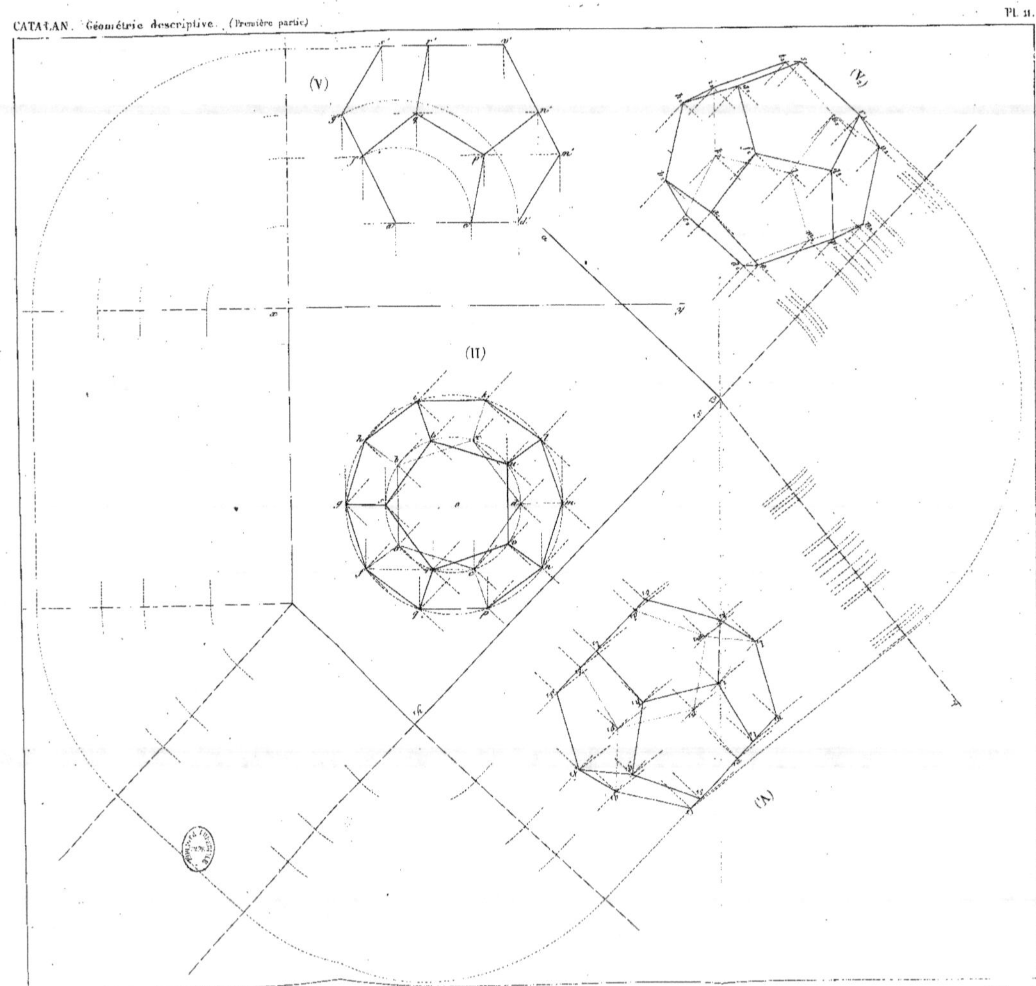
(V)
(VI)
(II)
(IV)

TRAITÉ ÉLÉMENTAIRE

DE

GÉOMÉTRIE DESCRIPTIVE

SECONDE PARTIE

PARIS. — TYPOGRAPHIE HENNUYER, RUE DU BOULEVARD DES BATIGNOLLES, 7.

TRAITÉ ÉLÉMENTAIRE

DE

GÉOMÉTRIE DESCRIPTIVE

PAR

EUGÈNE CATALAN

ANCIEN ÉLÈVE DE L'ÉCOLE POLYTECHNIQUE, DOCTEUR ÈS SCIENCES,
AGRÉGÉ DE L'UNIVERSITÉ, MEMBRE DE LA SOCIÉTÉ PHILOMATHIQUE, CORRESPONDANT
DES ACADÉMIES DES SCIENCES DE TOULOUSE, LILLE, LIÉGE,
ET DE LA SOCIÉTÉ D'AGRICULTURE DE LA MARNE.

SECONDE PARTIE

DES SURFACES COURBES

—

ATLAS

—

SECONDE ÉDITION, REVUE ET AUGMENTÉE.

———

PARIS

DUNOD, ÉDITEUR,

SUCCESSEUR DE VICTOR DALMONT,

Précédemment Carilian-Gœury et Vor Dalmont,

LIBRAIRE DES CORPS IMPÉRIAUX DES PONTS ET CHAUSSÉES ET DES MINES,

Quai des Augustins, 49.

———

1861
1864

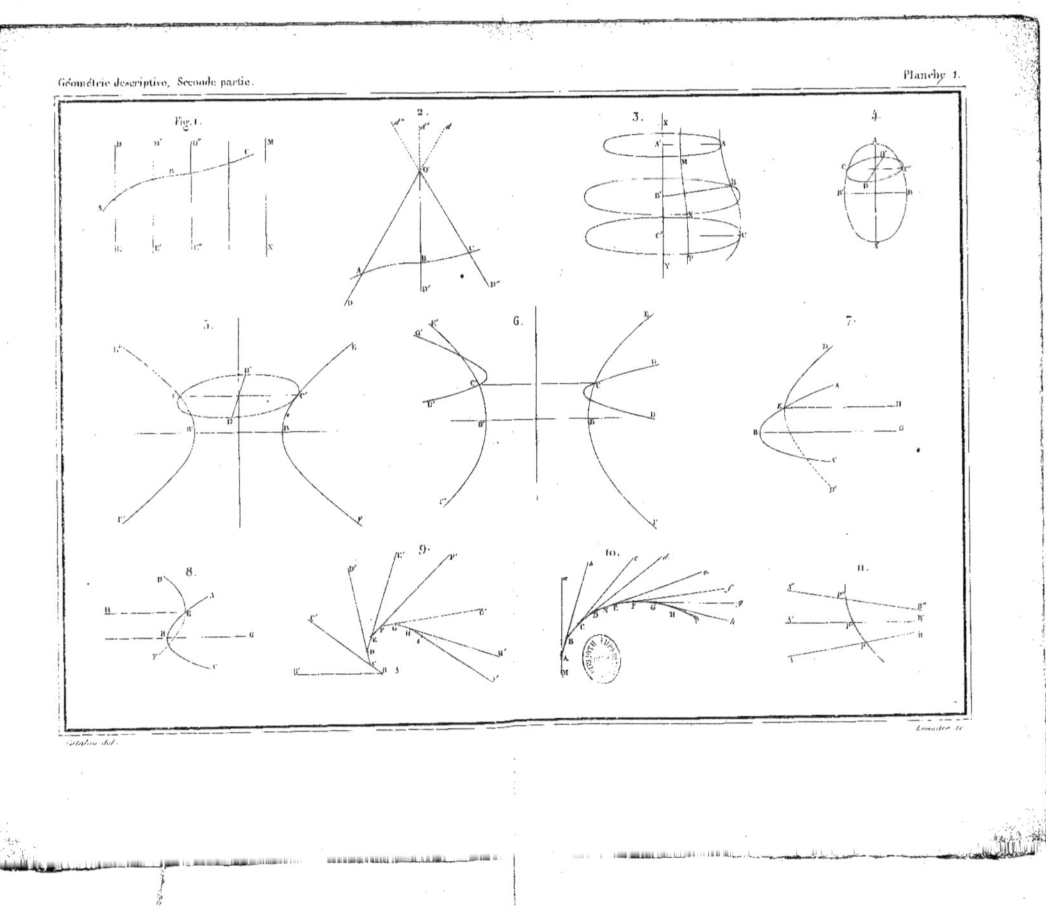
Fig. 1.
2.
3.
4.
5.
6.
7.
8.
9.
10.
11.

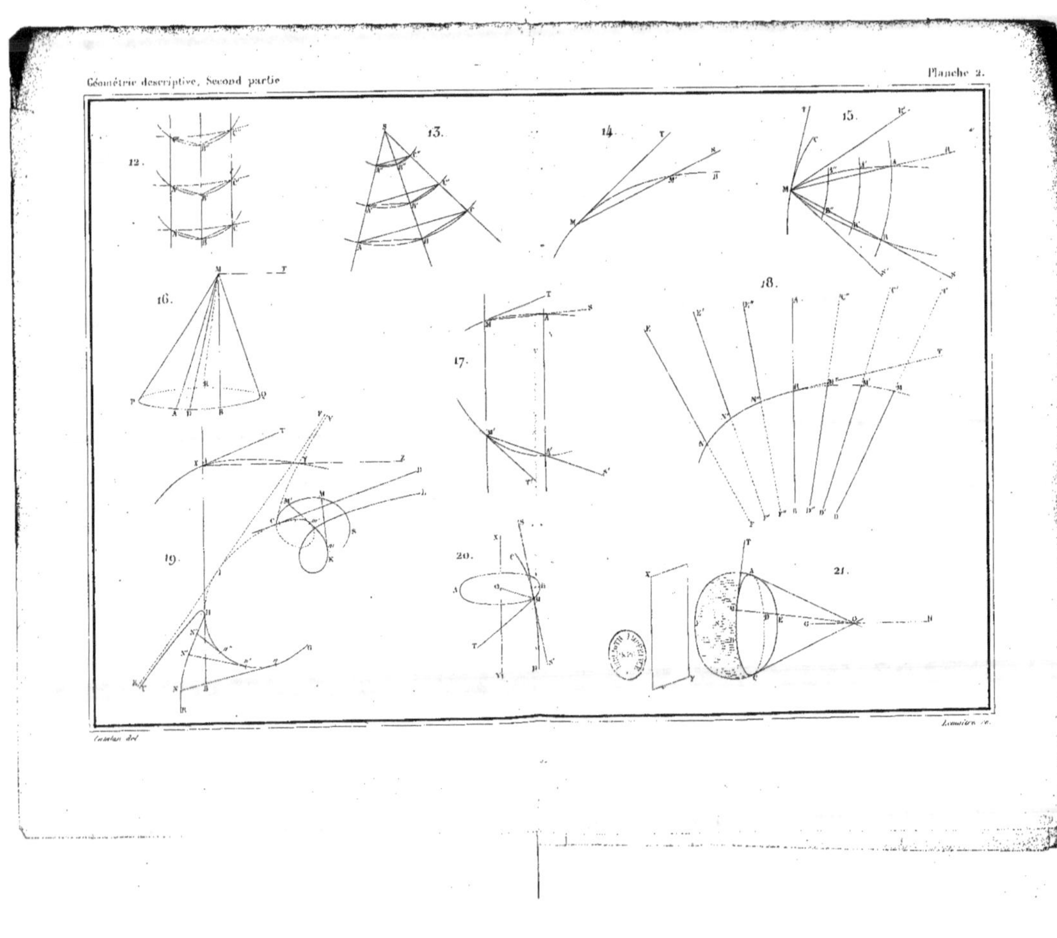

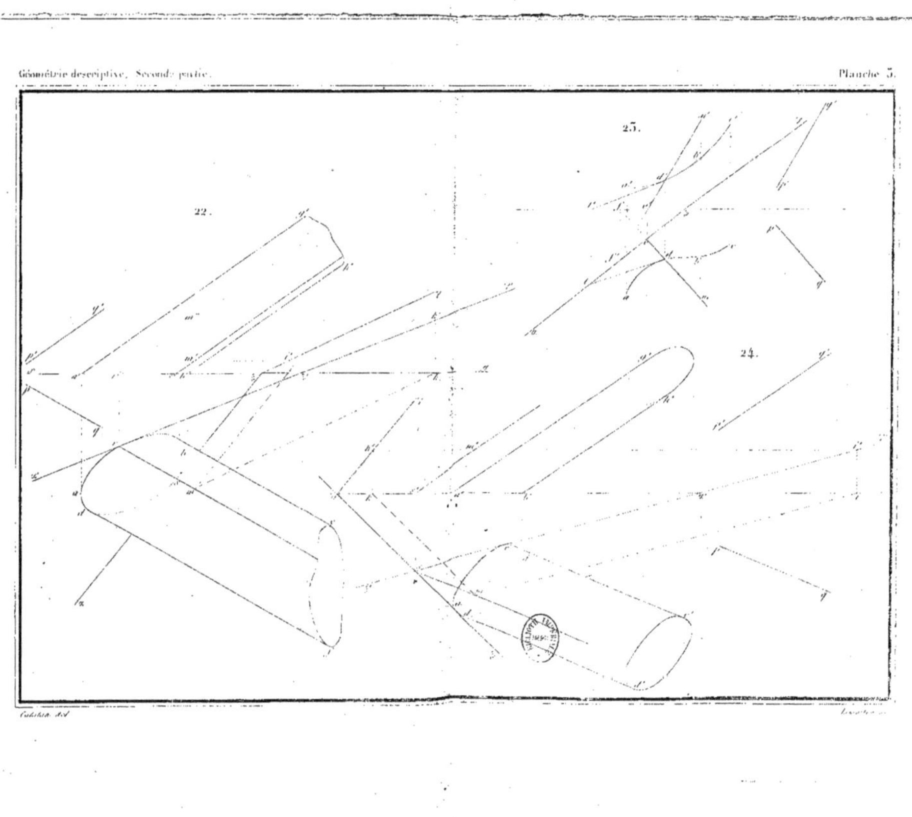

22.
23.
24.

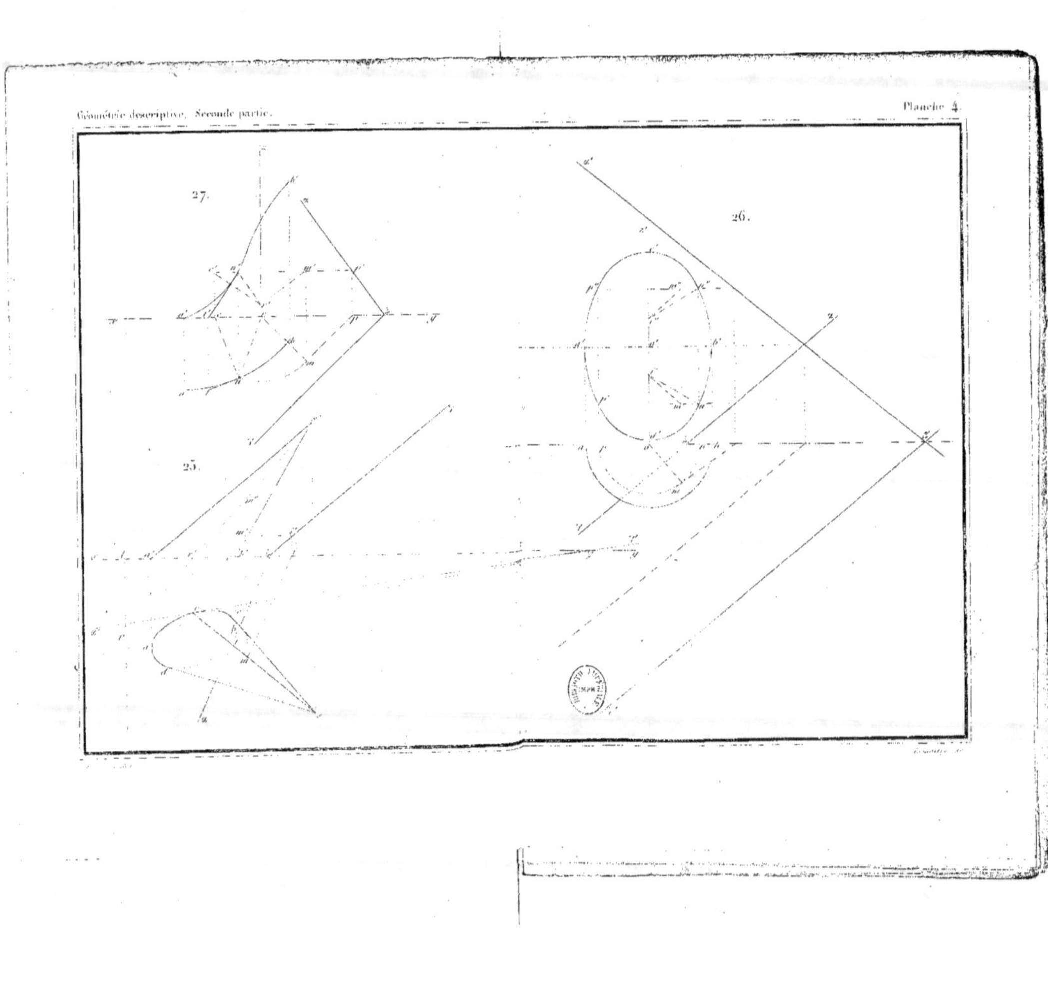
27.
26.
25.

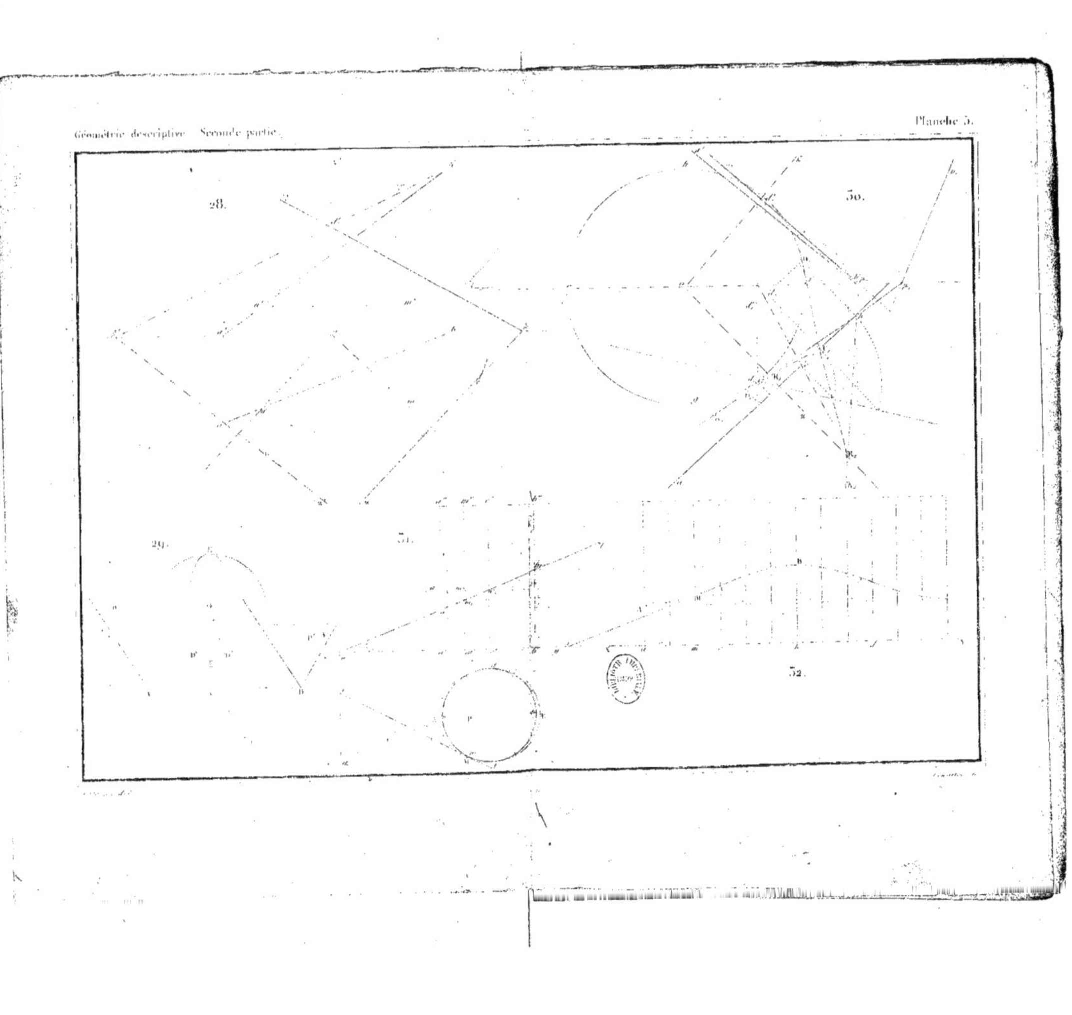
28.
29.
30.
31.
32.

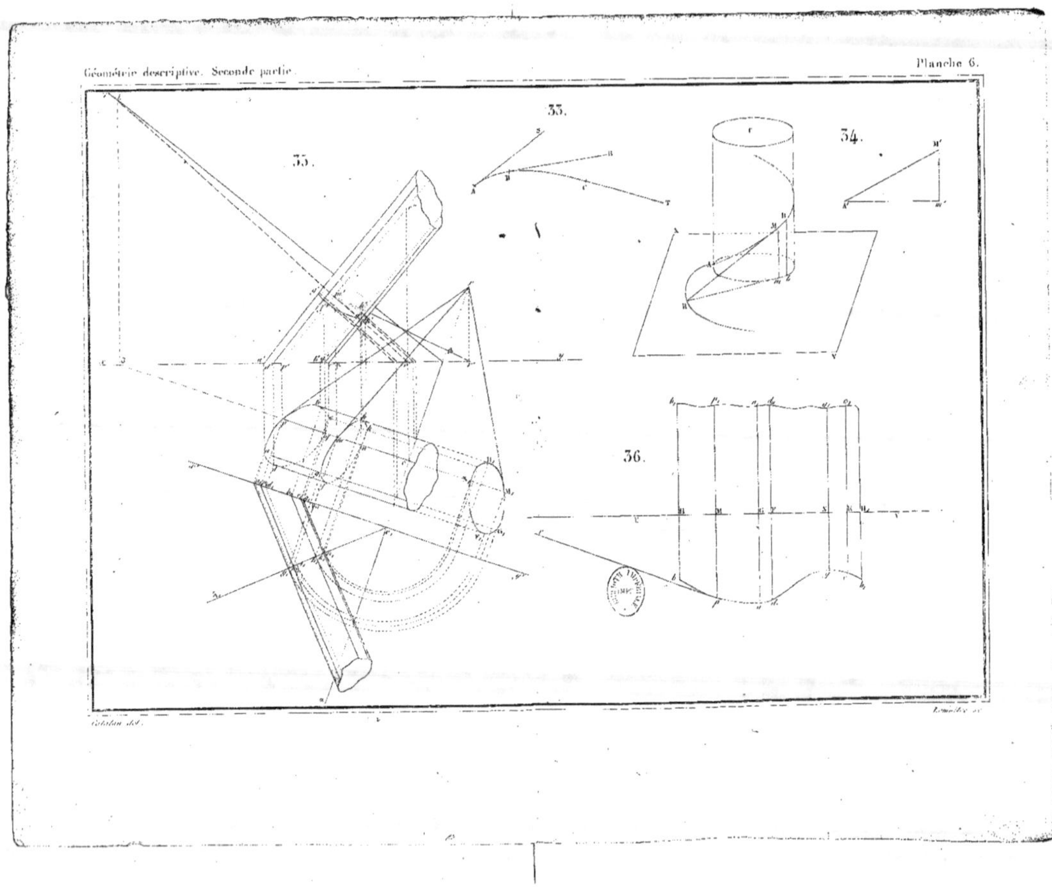

33.
35.
34.
36.

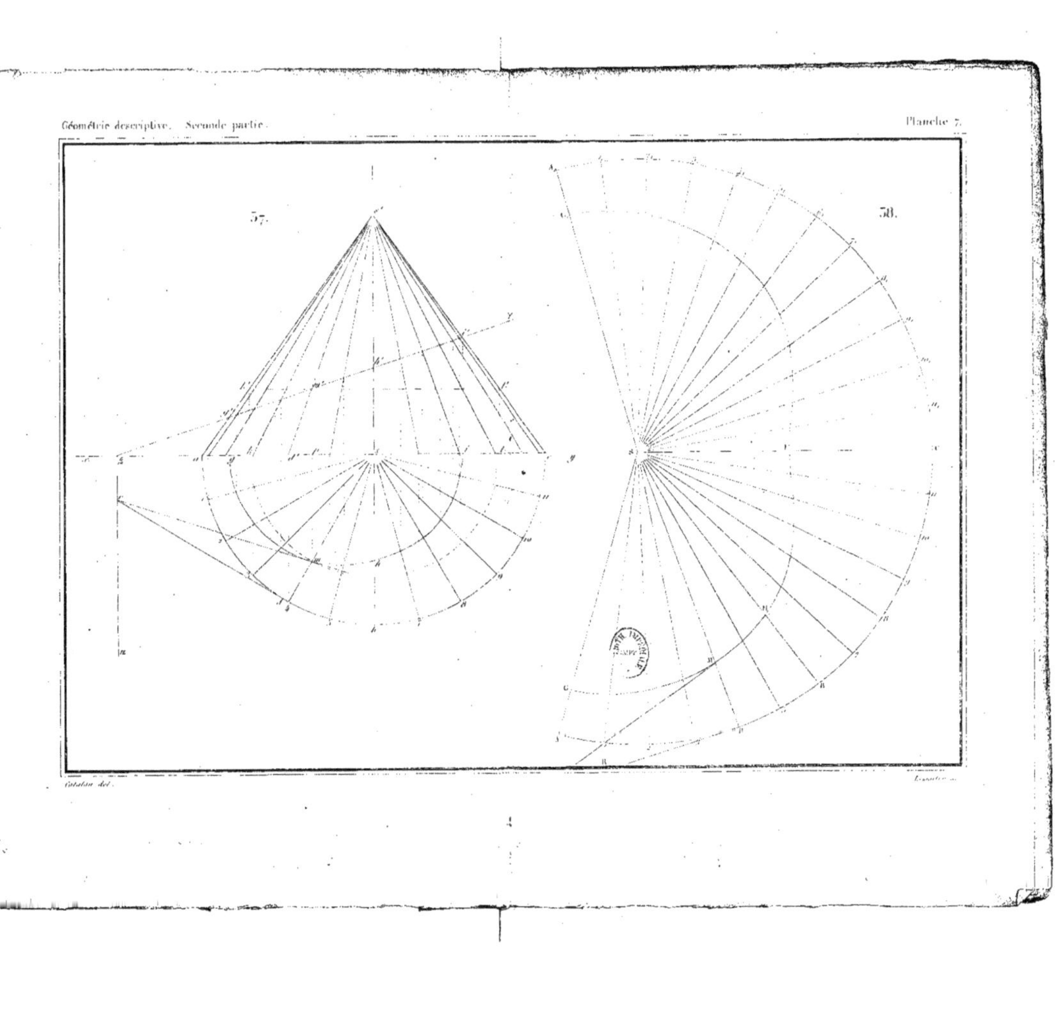

57.
58.

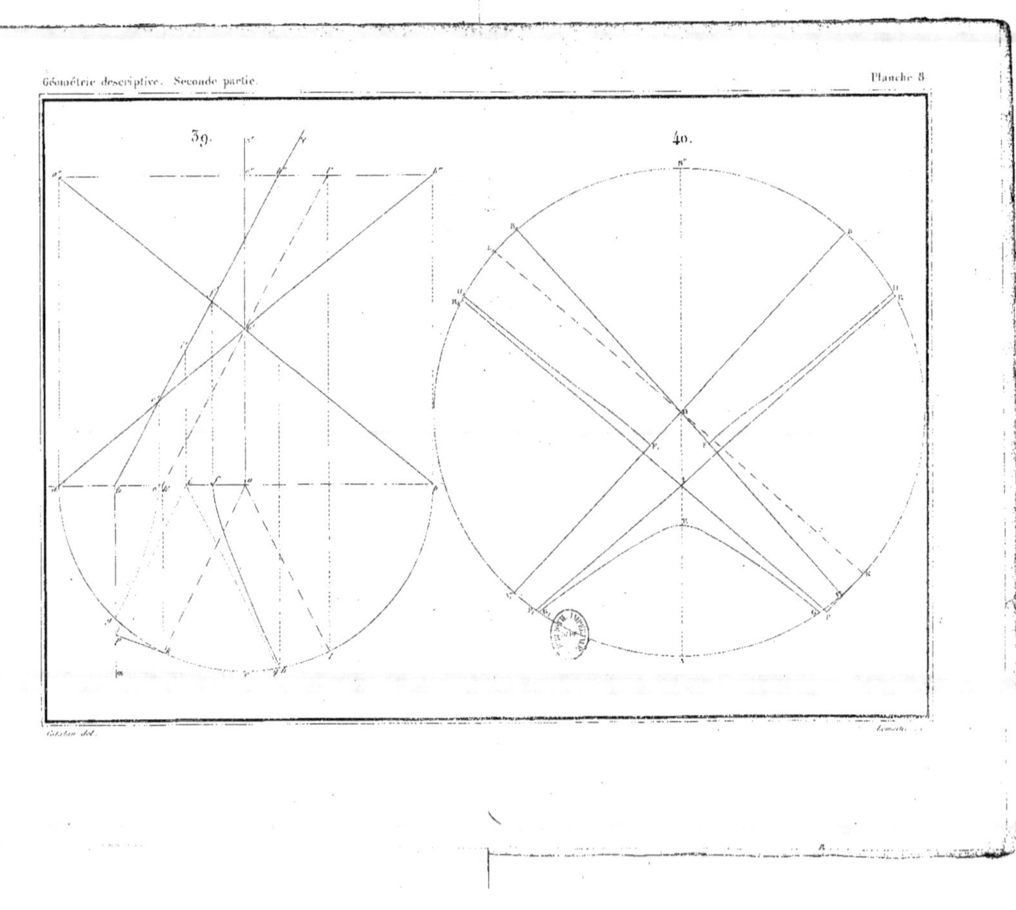
39.
40.

41.

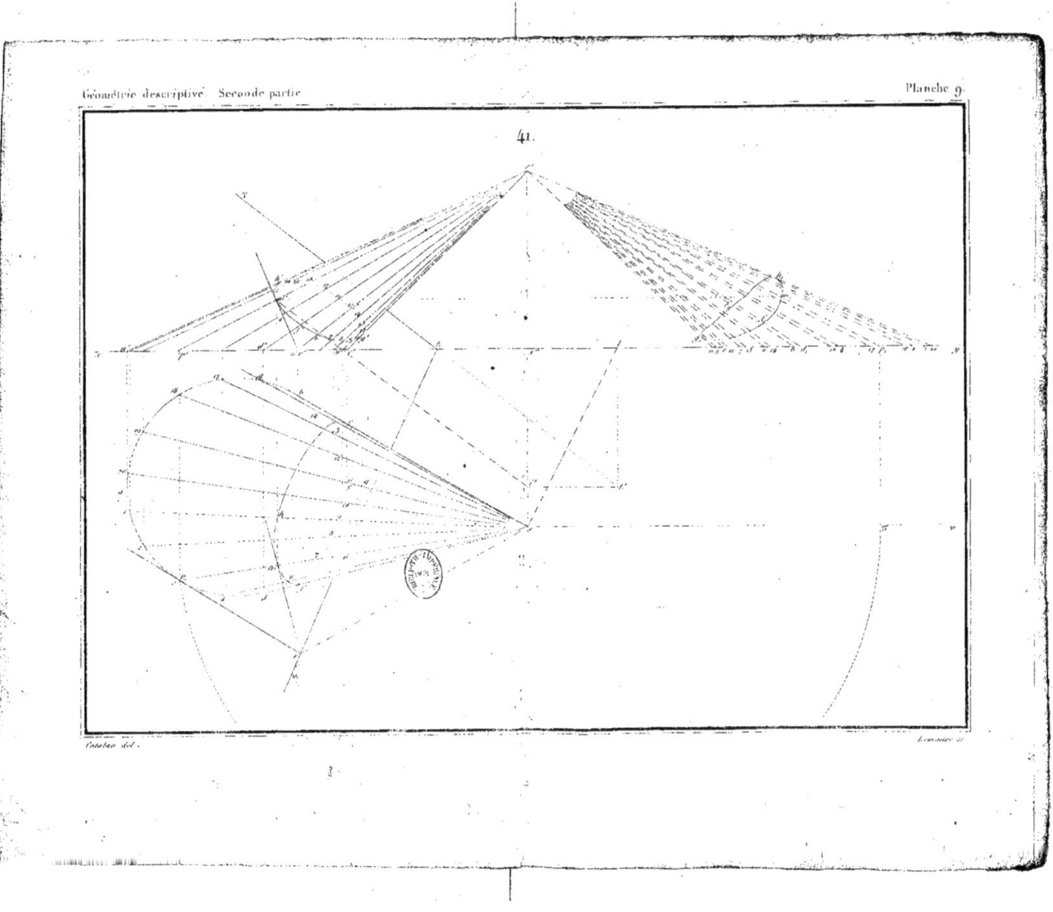

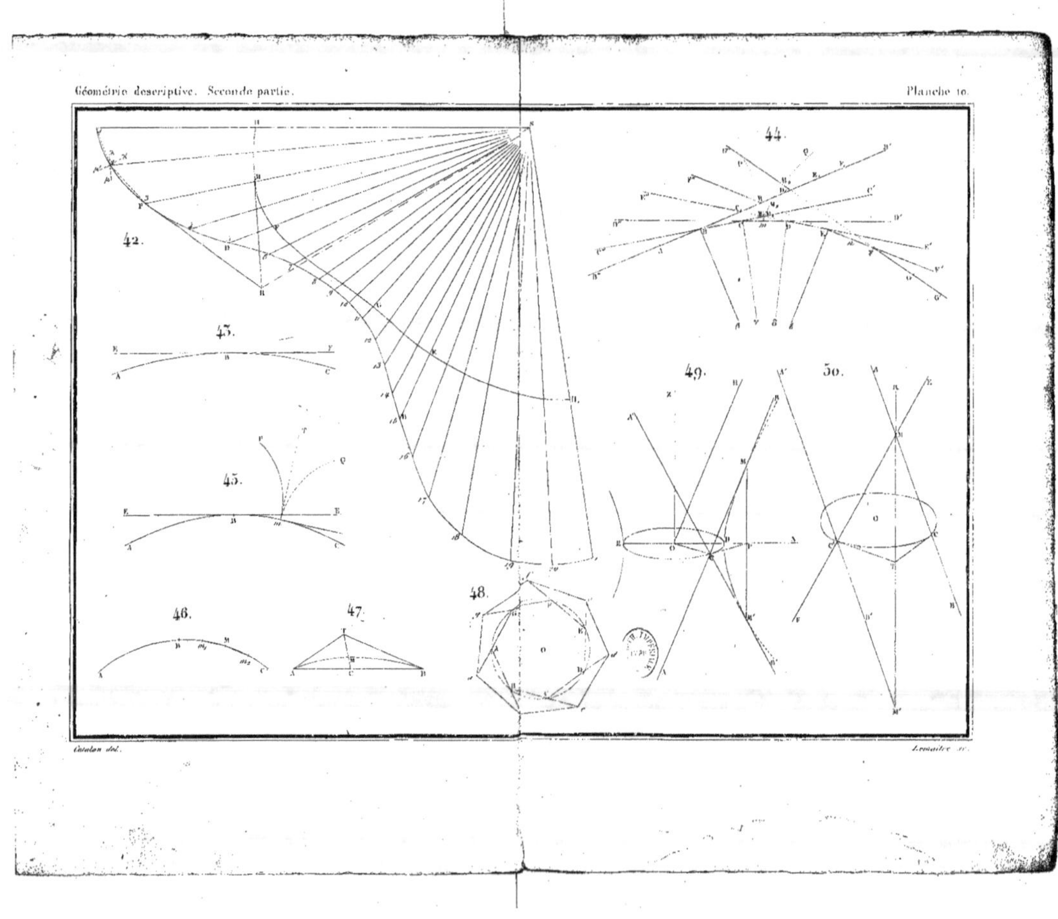

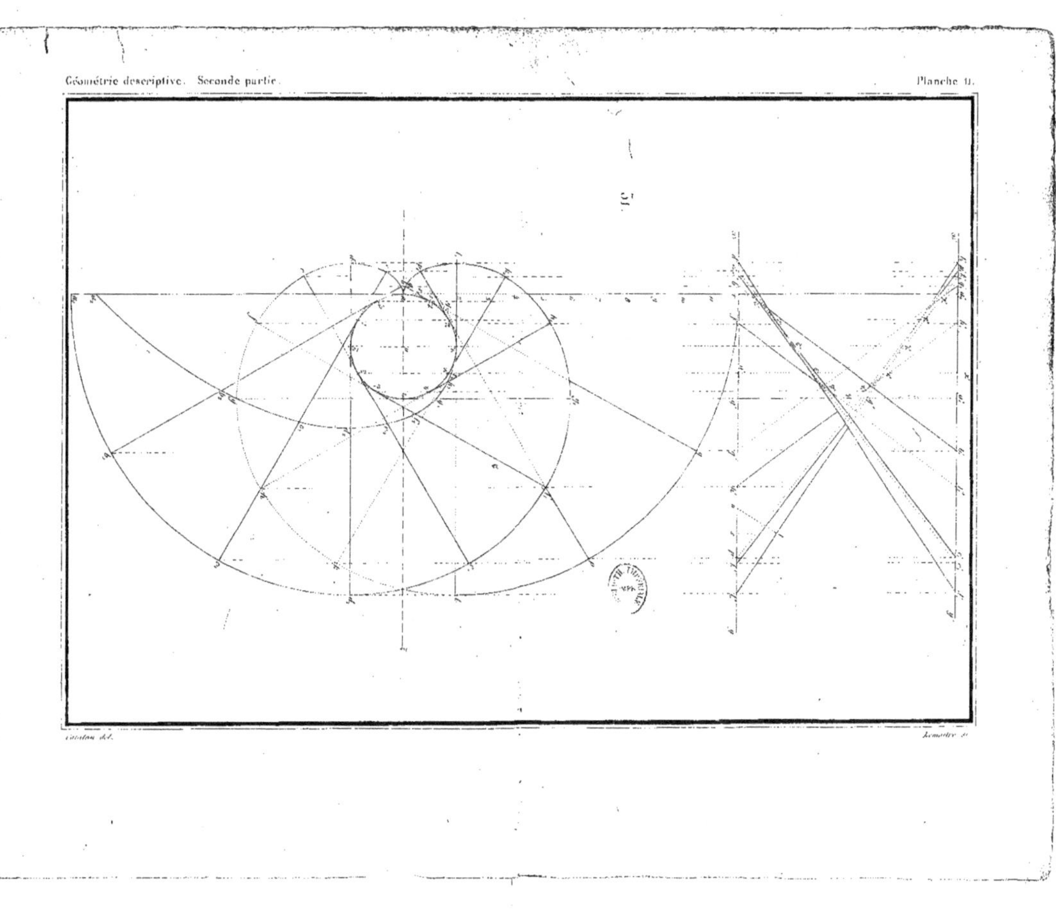

Castelau del.   Lemaître sc.

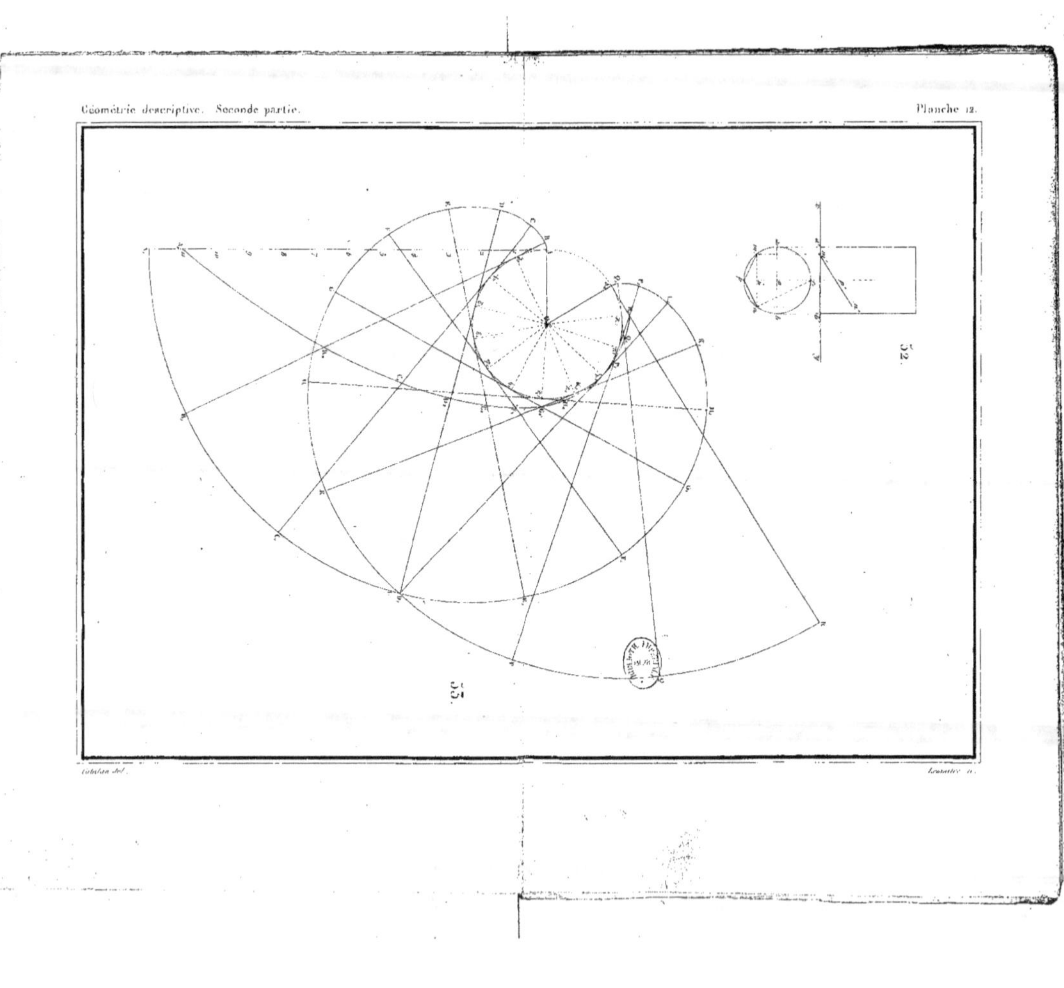

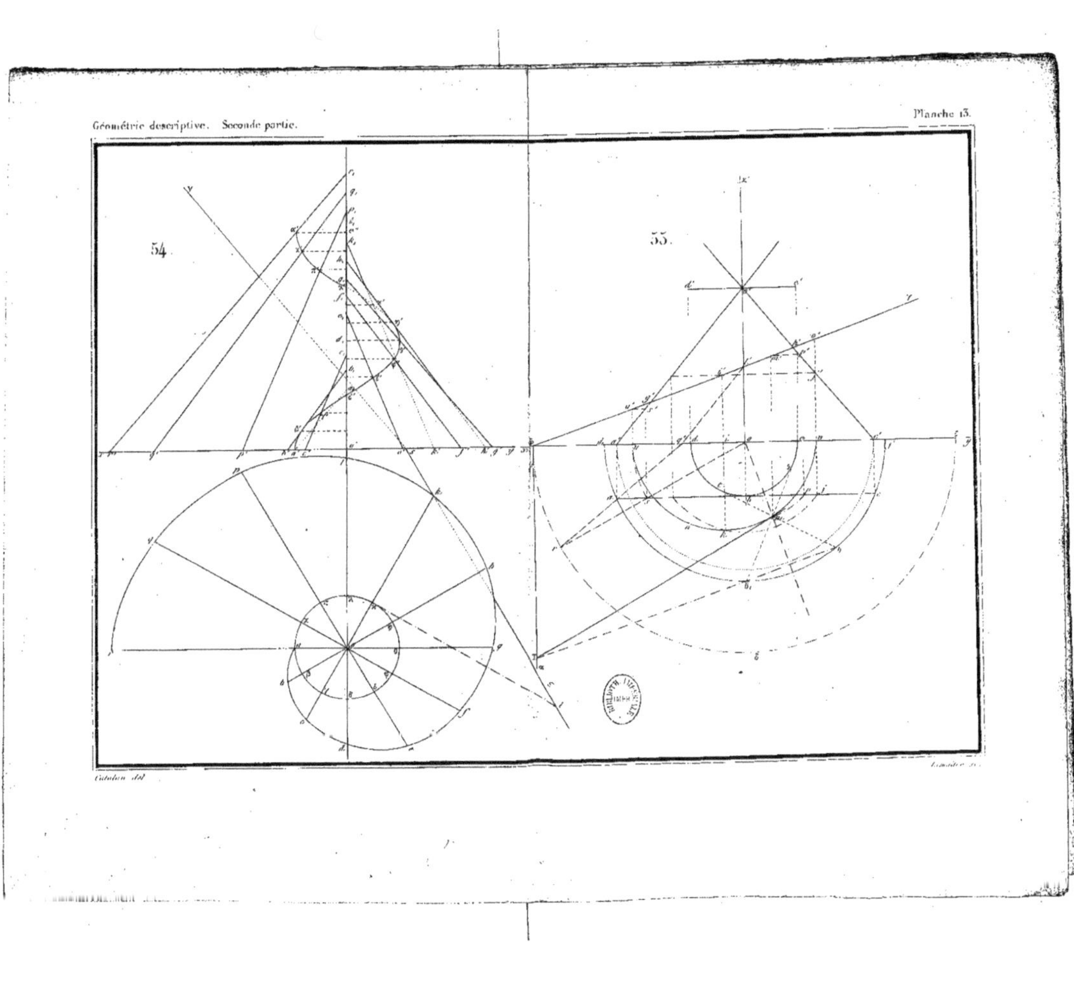
54.
55.

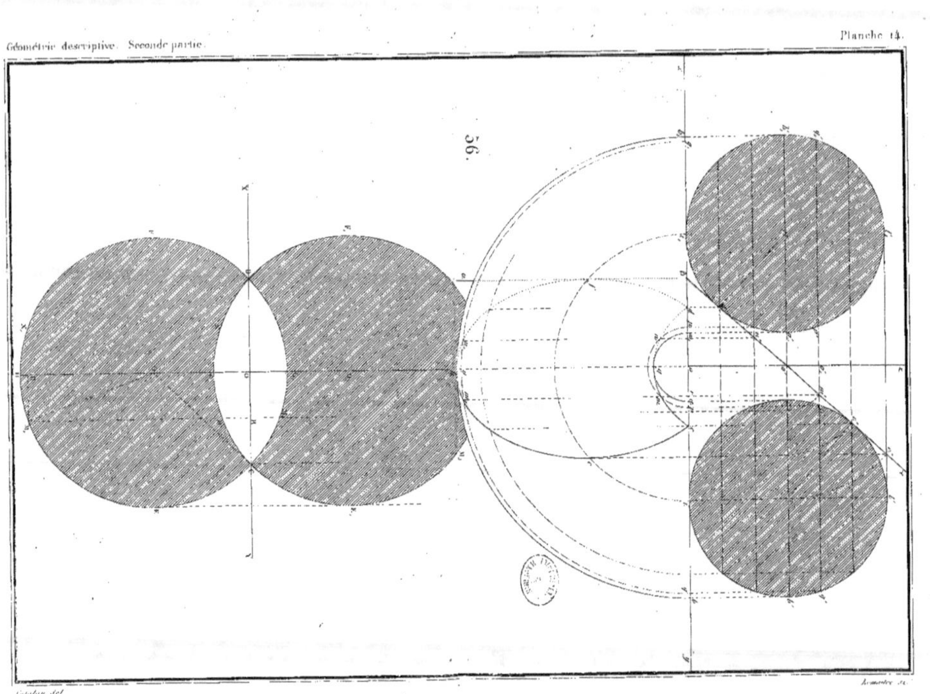

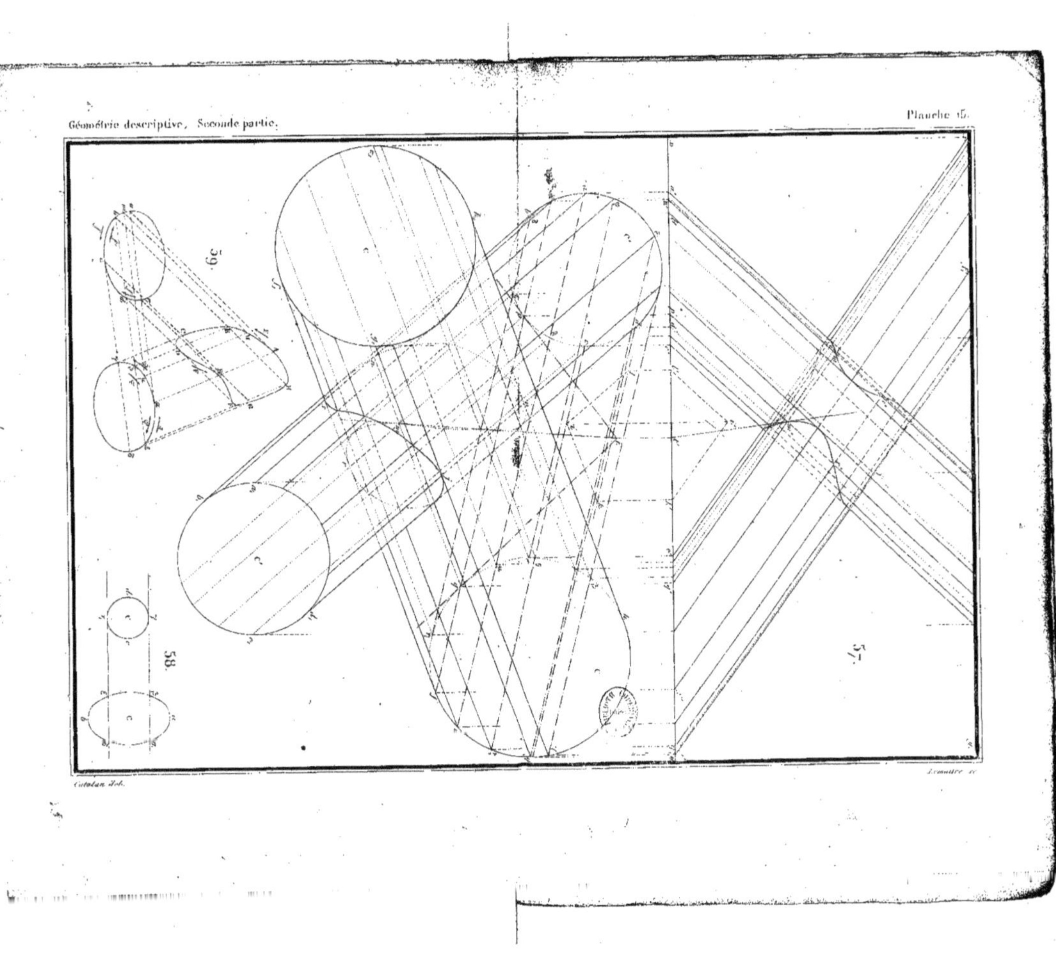
59.
58.
57.
Catalan del.
Lemaitre sc.

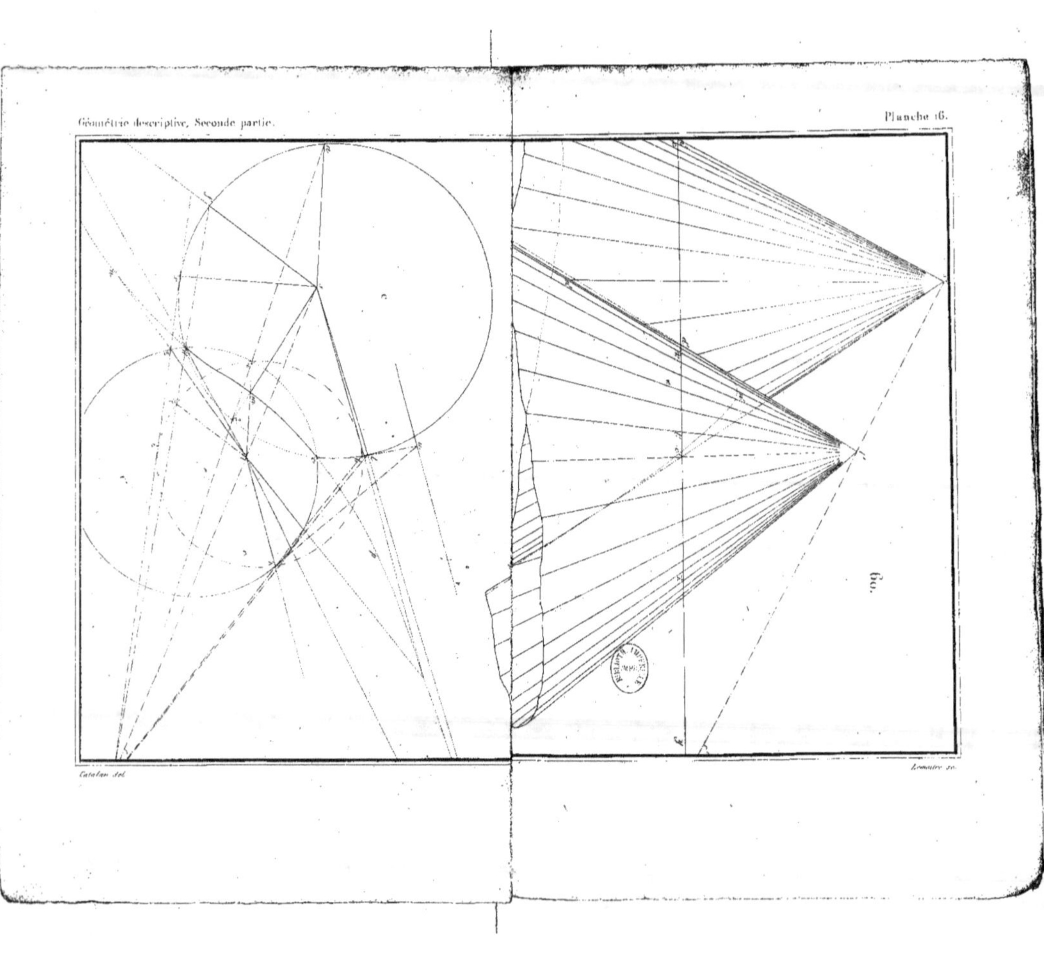

Catalan del.
Lemaître sc.

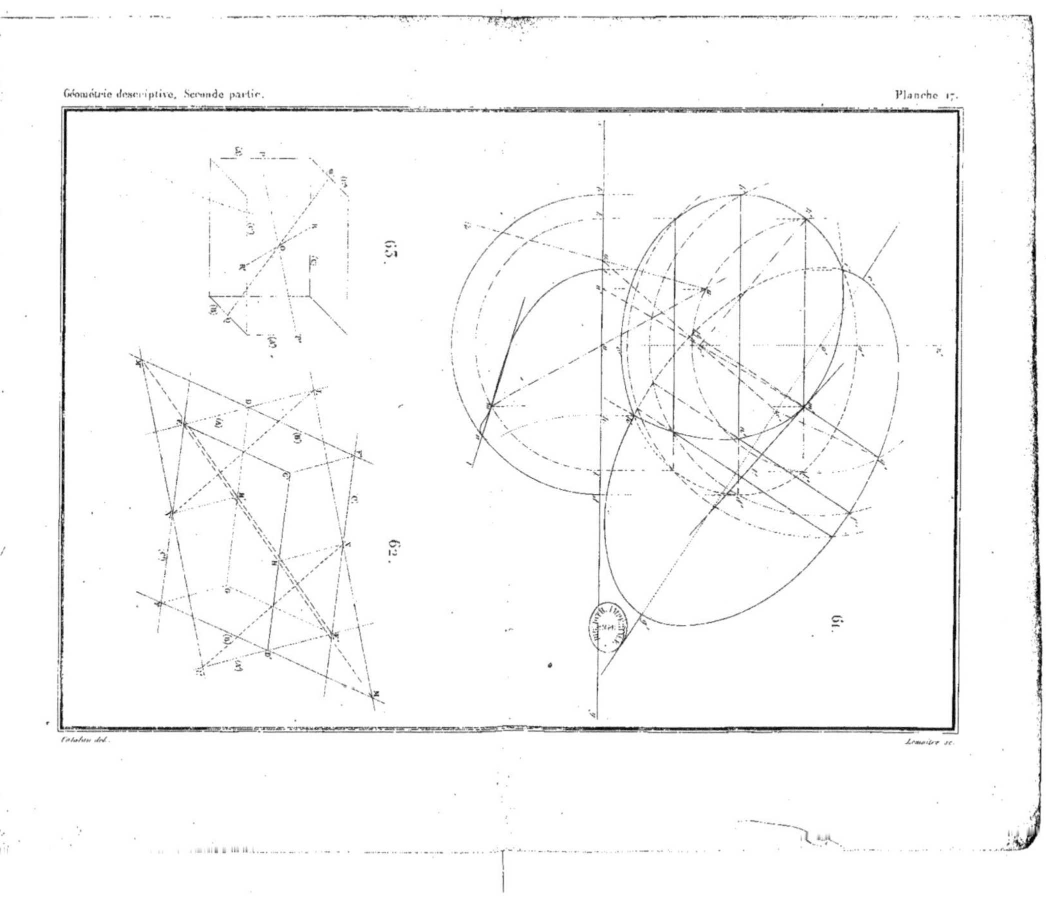
65.
62.
61.

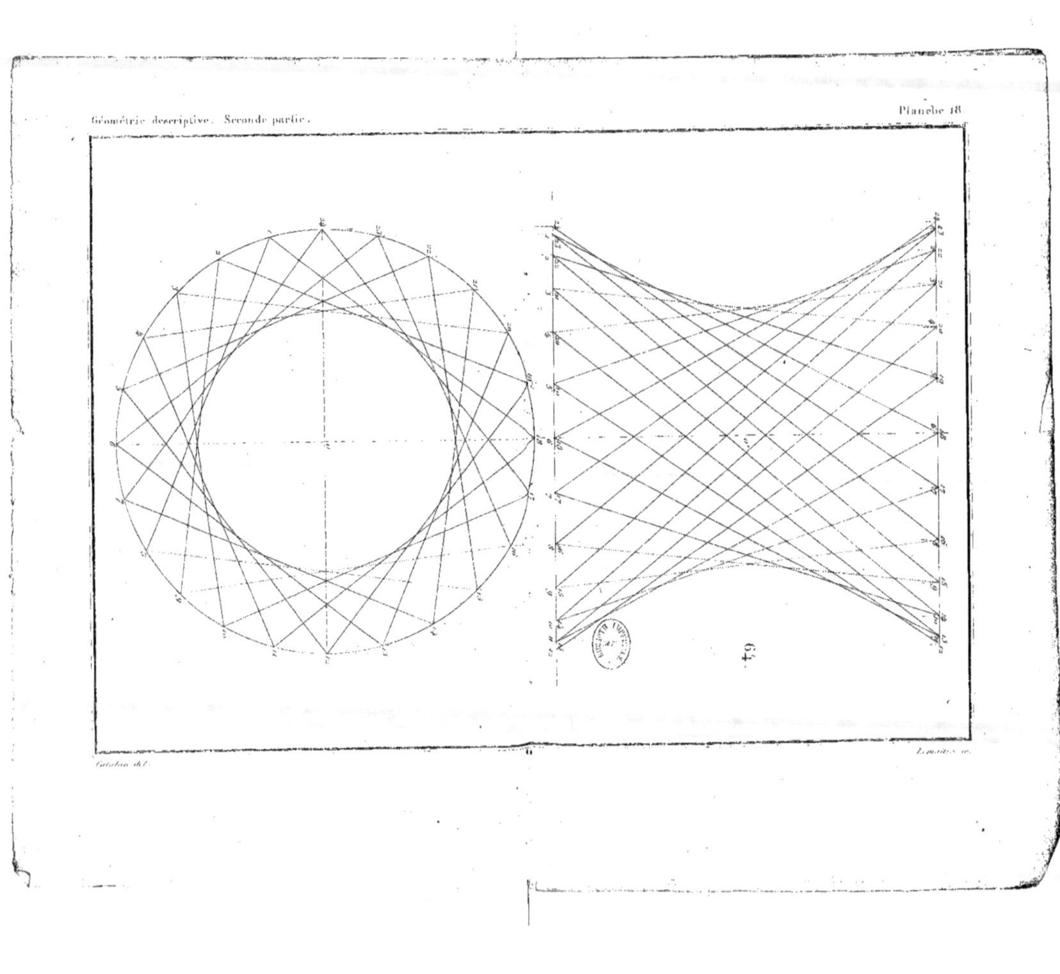

Catalan del.   Lemaitre sc.

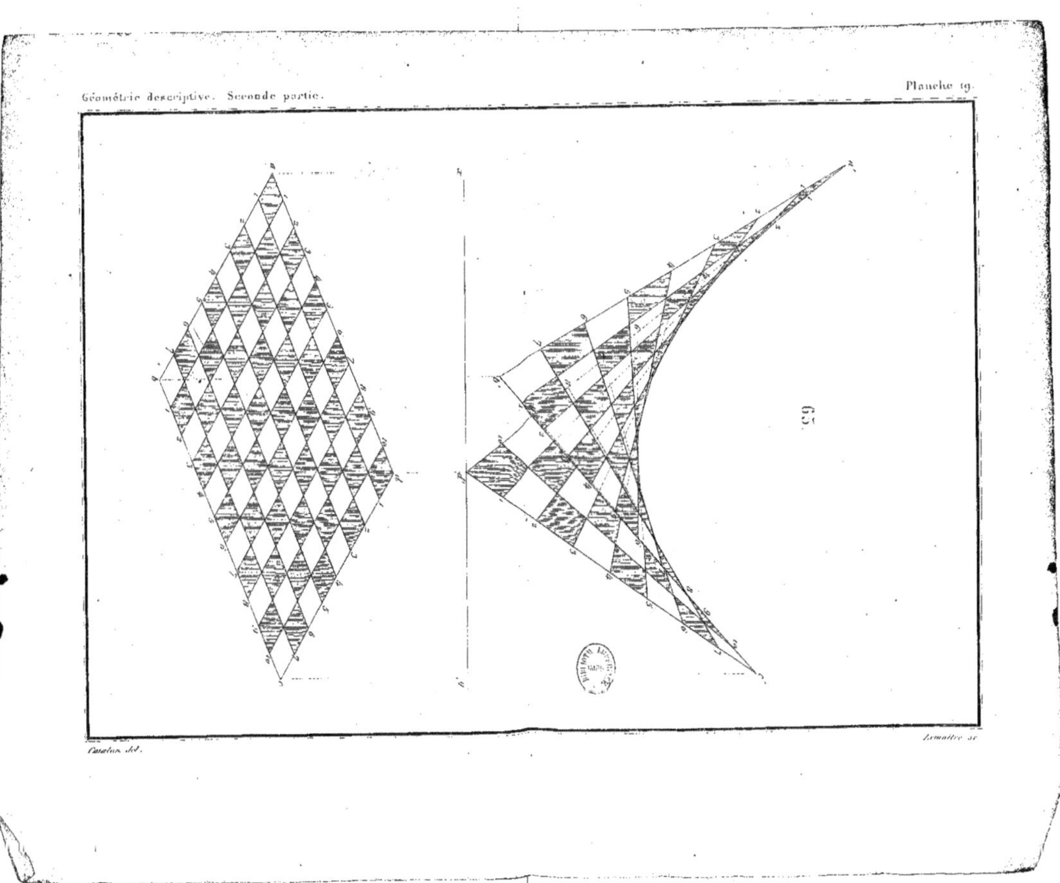